BEI GRIN MACHT SICH IHR WISSEN BEZAHLT

Thomas Mader

Ethnizität und Tribalismus in Afrika südlich der Sahara in ihrer sozialen und räumlichen Problematik

Theoretische Aspekte und empirische Beispiele

GRIN Verlag

Bibliografische Information der Deutschen Nationalbibliothek:

Die Deutsche Bibliothek verzeichnet diese Publikation in der Deutschen National-
bibliografie; detaillierte bibliografische Daten sind im Internet über http://dnb.d-
nb.de/ abrufbar.

Impressum:

Copyright © 2000 GRIN Verlag GmbH
Druck und Bindung: Books on Demand GmbH, Norderstedt Germany
ISBN: 978-3-640-86326-6

Dieses Buch bei GRIN:

http://www.grin.com/de/e-book/19948/ethnizitaet-und-tribalismus-in-afrika-suedlich-
der-sahara-in-ihrer-sozialen

HEINRICH HEINE
UNIVERSITÄT
DÜSSELDORF

Geographisches Institut

Oberseminar: Wirtschaftsgeographie, SS 2000

Hausarbeit zum Thema:

Ethnizität und Tribalismus in Afrika südlich der Sahara in ihrer sozialen und räumlichen Problematik.

Theoretische Aspekte und empirische Beispiele

vorgelegt von:

Thomas Mader

8. Semester MA, Fächer: Geographie, Philosophie, Politik

Inhaltsübersicht

1. Begriffsdiskussion: „Stamm", „Tribalismus", „Ethnizität", und „Ethnische Gruppe"

„Der Versuch, Begriffe wie „Ethnie", „Ethnische Gruppe" und „Ethnizität" für den akademischen Sprachgebrauch aufzuhellen, führt in ein unwegsames Terrain, das durch hohe Wertladungen bzw. starke normative Konnotationen der darin eingeschlossenen Termini markiert ist."[1]

Die Variationsbreite der Definitionsmöglichkeiten der zu behandelnden Begriffe ist groß und geeignet Bände zu füllen. Der vorliegende Aufsatz kann deshalb nur Ansatz sein und einen groben Überblick bieten.

„Stamm gehörte bis in die 70er Jahre zu den klassischen Begriffen der Völkerkunde (wie auch „Dorf" oder „isolierte Gemeinschaft"); von diesem Wort leitet sich der Tribalismus (Stammesbewusstsein, -zugehörigkeitsgefühl) her. Gleichzeitig ist es einer der umstrittensten Begriffe.

Der „Stamm" wird bei ILLIFE (1979) als kulturelle Einheit bezeichnet, mit einer gemeinsamen Sprache, einem einzigen Sozialsystem und einem einheitlichen Gewohnheitsrecht. Die Mitgliedschaft sei erblich, das soziale und politische System gründe sich auf Verwandtschaft.[2]

Dies ist die klassische objektivistische Sichtweise: der Stamm (und damit der Tribalismus oder die Ethnizität, wie es später heißen wird) wird als eine statische, gewissermaßen ontologische Gegebenheit gesehen, definierbar durch objektiv angebbare Gemeinsamkeiten. Von den Vertretern der diversen objektivistischen Theorien wird der Stamm häufig als eine politische, wirtschaftliche, soziale, religiöse und kulturelle Einheit gesehen, ausgestattet mit einem gemeinsames Territorium.

Diese Position kann mit gutem Recht als realitätsfern gelten und ist mittlerweile überholt; die genannten Charakteristika korrespondieren in den seltensten Fällen mit der Wirklichkeit, weder heute noch zu irgendeinem Punkt der Vergangenheit.

Als Stamm können so unterschiedliche soziale Gebilde bezeichnet werden, wie die Zulu in Südafrika, die seit weniger als zwei Jahrhunderten unter diesen Namen firmieren und zahlenmäßig eine größere Gruppe bilden als die Französischkanadier; die !Kung-Jäger-Sammler aus Botswana und Namibia, die nur einige hundert Köpfe zählen; oder das Millionenvolk der Yoruba in Nigeria und Benin, die eine achthundertjährige wechselvolle Geschichte aufweisen, die in ihrer Komplexität der europäischen nicht nachsteht.

Weiterhin haftet dem Begriff ein negativer Beigeschmack an; eine Palette von Vorurteilen und Missverständnissen schwingt mit, die eher dazu beiträgt, die Realität zu simplifizieren und zu verschleiern, statt sie zu erklären: Der Mythos von afrikanisch-primitiver Zeitlosigkeit; die Idee, Konflikte und Gewalt mit immerdagewesenen traditionellen Stammesfehden erklären zu

---

[1] GANTER, 1995; S. 16

können: als atavistische Eruptionen irrationaler Gewalt, wie sie ach so typisch erscheinen für Afrika. CHRIS LOWE fasst die Problematik so zusammen: „The bottom-line problem with the idea of tribe is, that it is intellectually lazy."[3]

Die Auffassung hat sich durchgesetzt, dass das Stammeskonzept eine Invention der Kolonialära ist, dass es von den Kolonialherren als Rechtfertigung für ihre Herrschaft benutzt und als Mittel eingesetzt wurde, um diese nach dem „Teile-und-Herrsche-Prinzip" zu stärken. Dazu mehr unter 2.

Aus all diesen Gründen hat seit den 70er Jahren die „Ethnische Gruppe" den Begriff „Stamm" ersetzt; aus dem „Tribalismus" ist die „Ethnizität" geworden. Der Terminus „Tribalismus" wird dennoch mit geänderter Bedeutung weiter benutzt; einige Autoren verstehen ihn als eine radikalisierte (u.U. gewaltbereite) Form der Ethnizität.

Die Begriffe „ethnische Gruppe" und „Stamm" unterscheiden sich jedoch nicht nur im Grad ihrer politischen Korrektheit. Mit der Begriffsänderung sollte ein Wandel der Perspektive von der objektivistischen Betrachtungsweise zu einer dynamischen, subjektivistischen (bzw. konstruktivistischen) Position einhergehen; aus dem primitiv-statischen, isolierten Stamm wird die gewordene und werdende Ethnizität. Erstmals werden die Kriterien der Selbst- und/oder Fremdzuschreibung und Selbstidentifikation eingeführt. Den Anstoß dazu lieferte 1969 FREDERIK BARTH (1969) mit seinem „general approach" im Rahmen seiner Theorie der Ethnischen Grenzen. Hier wird zuerst gefragt, wie die Leute sich selbst sehen und abgrenzen; es genügt der Glaube an eine gemeinsame Identität.[4] „Es kommt damit auf den Symbolcharakter der (sichtbaren oder unsichtbaren) Unterscheidungsmerkmale an"[5], denn Ethnizität entsteht im Wechselspiel von Selbstidentifikation und Selbstzuschreibung. In einigen subjektivistischen Theorien wird aber auch die Familiendimension berücksichtigt, die reale gemeinsame Abstammung.

Bei BAUER (1988) etwa ist der Stamm ein loser Verband sprachlich oder kulturell verwandter Gruppen, die eine gemeinsame Herkunft haben oder die der Glaube an eine solche miteinander verbindet.[6]

Ethnizität wird zudem als ein Prozess der sozialen Konstruktion gesehen, es kommt also eine generative, dynamische Komponente hinzu. Oder mit ASCHENBRENNER-WELLMANN: „Ethnizität stellt in erster Linie eine Folge, und nicht eine Ursache, des gesellschaftlichen Wandels dar; andere themenrelevante Folgen sind Eliten- und Klassenbildung sowie Nationenbildung."[7]

---

[2] vgl. ASCHENBRENNER-WELLMANN, 1991; S.9
[3] LOWE, 1997; S.3
[4] vgl. GANTER, 1995; S.42ff.
[5] TETZLAFF, R. in WEGEMUND, 1991; S. 19
[6] vgl. ASCHENBRENNER-WELLMANN, 1991; S.9f.
[7] ASCHENBRENNER-WELLMANN, 1991; S.1

Ethnizität wird somit als soziales Konstrukt gesehen, dessen „Entstehung und Bedeutung sich nicht aus vermeintlich überhistorischen und quasinatürlichen Notwendigkeiten erhellt, sondern erst aufgrund einer Analyse der je spezifischen Interaktionsbeziehungen, der Strukturierung des umfassenden Handlungszusammenhangs und deren Dynamik erklärt werden kann."[8]

Die objektivistische Schule ist keineswegs tot; aber die subjektivistische Auffassung scheint sich weitgehend durchgesetzt zu haben, da – wie oben schon angeklungen – die objektivistischen Positionen sich schlecht für einen analytischen Zugang zum Thema eignen. Auf die Details der verschiedenen Theorien kann im Rahmen dieser Arbeit nicht eingegangen werden; jedoch versucht GANTER (1995) eine Synthese aus den unterschiedlichen subjektivistischen Theorien und entwirft drei Thesen zur Beschreibung und Erklärung des komplexen Phänomens Ethnizität:

1.: Ethnien bzw. ethnische Gruppen sind Wir-Gruppen, die sich durch die Selbst- und/oder Fremdzuschreibung einer kollektiven Identität auf der Grundlage des Glaubens an eine Abstammungsgemeinschaft konstituieren.

2.: Die Selbst- und/oder Fremdzuschreibung kollektiver ethnischer Identitäten impliziert stets einen Prozess der Abgrenzung in der Interaktion mit anderen Gruppen.

3.: Die Bedeutung ethnischer Identitäten für individuelle und kollektive Handlungsorientierungen ist veränderlich.[9]

Diese Begriffsbestimmung erscheint als geeigneter, moderner Zugang zur Analyse und Erklärung ethnisch bedingter Verhaltensweisen. Im folgenden wird Ethnizität in diesem Sinne gebraucht; Tribalismus sei ihre radikale Form („das extrem stammesbezogene Fühlen und Denken des einzelnen"[10]) und an Stelle des Stammes setzen wir die (ethnische) Gruppe, die Ethnie oder das Volk.

2. Ethnizität im Fluß der afrikanischen Geschichte

Da die Kolonialzeit den sicher tiefgreifendsten Einschnitt in die Geschichte der afrikanischen Völker darstellt, ist es üblich diese in drei Phasen zu gliedern: vorkolonial, kolonial und nachkolonial.

---

[8] GANTER, 1995; S. 52
[9] GANTER, 1995; S.56f.
[10] VORLAUFER, 1985; S. 108

Abb.1: Ethnizität im Zeitverlauf. Quelle: ASCHENBRENNER-WELLMANN, 1991; S.3.

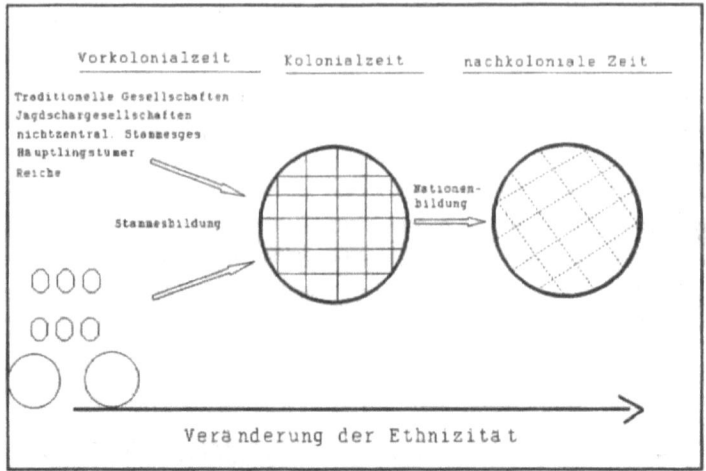

2.1. Die vorkoloniale Phase – „fließende Grenzen"

„Entgegen einer weitverbreiteten Meinung waren die traditionellen Gesellschaften in vorkolonialer Zeit nicht genau festgefügt und unveränderbar."[11] Schon vor der Öffnung des Binnenlandes für äußere Einflüsse, also vor Beginn des Fernhandels, fanden Wandlungsprozesse als langsamer, endogener Entwicklungsprozess statt. Dieser vorkoloniale Wandel verlief nicht nur im Rahmen bestehender Gesellschaftsstrukturen; diese veränderten sich auch: Traditionelle Gesellschaften zerbrachen oder schlossen sich zu größeren Einheiten zusammen; diese sozialen Gebilde waren sehr unterschiedlich, aber es gab Beziehungen und Bindungen jeglicher Art, die ethnischen Grenzen waren sehr durchlässig, gewissermaßen fließend. Auch innerhalb dieser Gesellschaften bestanden große Unterschiede in Rang und sozialem Status.[12]

Hutus und Tutsis beispielsweise waren in der präkolonialen Ära keinesfalls als ethnische Gruppen zu unterscheiden, sie bewohnten ein Gebiet, sprachen dieselbe Sprache und partizipierten in einer Kultur. Es gab Königreiche und Kriege, aber die Konfliktlinien waren eindeutig nicht zwischen Hutu und Tutsi gezogen. Vielmehr handelt es sich um eine Art sozialer Abstufung, die abhängig von Zeit, Ort und politischen Verhältnissen wechselte, die durchlässig und nicht eindeutig festgelegt war. Von Fall zu Fall werden die Tutsi als Herrscher, Schutzherren oder als Viehhalter bezeichnet, die Hutu als Beherrschte, Beschützte oder

---

[11] ASCHENBRENNER-WELLMANN, 1991; S. 90
[12] vgl. ASCHENBRENNER-WELLMANN, 1991; S. 90ff.

Landwirte. Die eindeutige Festlegung und damit das Problem wurde erst in der Kolonialzeit administrativ generiert[13] – und dies ist ein allgemeines Phänomen.

2.2. Die koloniale Phase – „divide et impera"

Das Stammeskonzept war gewissermaßen eine Erfindung der europäischen Kolonialherren, zum Teil eine ungerechtfertigte (faule) Übertragung klassischer biblischer und sozialer Theorien, teils Rechtfertigung des eigenen Handelns (beliebt war die Vermischung mit rassistischem und sozialdarwinistischem Gedankenungut); im Wesentlichen aber bewusst eingesetztes Machtinstrument.[14]

Die Einteilung der Menschen in Stämme erfolgte teilweise nach objektiven Kriterien wie gleiche Sprache oder Kultur oder gleiches Territorium, teils wurden Unterschiede ignoriert; selten traf sich die aufgezwungene Grenzziehung mit dem Selbstverständnis der betroffenen Menschen. „Der Kolonialstaat förderte gezielt die Entstehung neuer Identitätskategorien"[15] und legte diese gesetzlich fest (in Tanzania um 1920). Auch durch Grenzziehungs-Verträge zwischen den Kolonialmächten wurden ethnisch und kulturell verwandte Gemeinschaften völlig willkürlich getrennt (z.B. mit dem Helgoland-Zanzibar-Vertrag zwischen Deutschland und England von 1890). Siehe dazu auch Abb.4 unter Abschnitt 6.[16]

Eine Grundsäule kolonialer Herrschaftstechnik war die Betonung von Unterschieden oder gar eine betonte Ungleichbehandlung der frischgebackenen Stämme nach dem römisch-imperialistischen Prinzip „divide et impera" („Teile und Herrsche"). Die Deutschen und Belgier z.B. führten Identitätskarten ein und polarisierten so die Ethnizität, legten sie schwarz auf weiß fest.[17]

Ein zweites Grundprinzip (zumal des britisch-kolonialen Systems) war die „indirect rule": Den Stämmen wurden gewisse politische Funktionen zugewiesen, zusammen mit abgegrenzten, fixierten Siedlungsräumen, den „tribal areas" oder „native reservates", die bis heute weitgehend identisch sind mit den Verwaltungsdistrikten; und in denen sie im Zuge der „tribal self-determination" eine gewisse Eigenständigkeit zugewiesen bekamen. Eine gleichermaßen von außen implementierte Führungsschicht, die Chiefs oder Häuptlinge, arbeitete mit den Briten zusammen, trieb Steuern ein und Arbeiter an.[18] Traditionelle Autoritäten wurden funktional und politisch entwertet.

---

[13] vgl. LOWE, 1997; S. 7
[14] vgl. LOWE, 1997; S. 4
[15] ASCHENBRENNER-WELLMANN, 1991; S.114
[16] vgl. ASCHENBRENNER-WELLMANN, 1991; S. 108
[17] vgl. LOWE, 1997; S. 7
[18] vgl. VORLAUFER, 1985; S. 107f. und ASCHENBRENNER-WELLMANN, 1991; S. 92f.

Es lässt sich festhalten, dass sich das (extreme) Stammesbewusstsein wesentlich erst im Zuge der Kolonialherrschaft entwickelte und bewusst entwickelt wurde um diese abzusichern. Dieser Prozess dauerte bis um die Mitte des 20 Jhds. an und teilweise darüber hinaus.[19]

2.3. Die nachkoloniale Phase – „nation building"

Die afrikanischen Staaten südlich der Sahara erlangten die Unabhängigkeit zu unterschiedlichen Zeitpunkten nach dem zweiten Weltkrieg. Die politischen und sozialen Situationen waren sehr verschieden; dennoch lassen sich einige Gemeinsamkeiten feststellen.

Anders als in Europa verlief der Prozess der Nation-Werdung in Afrika (und Asien) in umgekehrter Reihenfolge: aus dem Dekolonisationskampf waren Staaten ohne Nation (ohne wirkliches Staatsvolk als politischen Souverän) hervorgegangen.[20] Die neuen unabhängigen Staaten hatten eine künstliche Natur, welche die Nationwerdung erschwerte.[21]

Im Resultat bildeten sich im subsaharischen Afrika autoritäre Staatsformen, die man als neopatrimonial bezeichnen kann, d.h. der Staatschef ist die Inkarnation des Staates, die Staatskasse ist sein Privathaushalt, er ist oberster Richter, Befehlshaber der Streitkräfte usw.; kurz: der Staat ist sein Patrimonium, sein Erbhof geworden: „Im neopatrimonialen Staat des zeitgenössischen subsaharischen Afrika beruht das politische Leben auf der Konkurrenz klientelistischer Netzwerke, an deren Spitze die „Big Men" als politische Unternehmer stehen."[22]

TETZLAFF (1991) charakterisiert die für Afrika typischen Herrschaftsstrukturen als Einparteiensysteme mit starker Einheitsideologie, die als politisches Ziel den säkularen, territorialen Nationalismus hatten und haben; den nationalen Einheitsstaat. Ethnizität wurde offiziell als Tribalismus gebrandmarkt und verpönt. Samora Machel, ein radikaler afrikanischer Führer, sagte es so: „For the nation to live, the tribe must die"[23].

Zwar war nicht in allen Fällen das „nation building" (bzw. die Nation) das angestrebte Ziel; in Südafrika etwa installierten die Buren das rassistische System der Apartheid nach dem Kredo der „getrennten Entwicklung" (der europäischen und afrikanischen Rasse); in anderen Staaten, wie Uganda wurden ethnische Konflikte bewusst (und willkürlich) von der korrupten, tyrannischen und unfähigen Staatsführung provoziert und geschürt (Milton Obote + Idi Amin = 700.000 Tote); in anderen Fällen diente der Staat nur der Selbstbereicherung der Staatsklasse (wie in Zaire unter Mobutu)[24]; dennoch sind dies eher Ausnahmen von der Regel.

In den neopatrimonialen Einheitsstaaten hat sich die politische Kunst der „ethnischen Arithmetik" herausgebildet (auch „hegemonial exchange" genannt); eine Form des politischen

---

[19] vgl. VORLAUFER, 1985; S. 108f. und ASCHENBRENNER-WELLMANN, 1991; S. 114
[20] vgl. TETZLAFF, R. in WEGEMUND, 1991; S. 29
[21] vgl. ASCHENBRENNER-WELLMANN, 1991; S.113
[22] SCHLICHTE, 1998; S. 271
[23] aus BERMAN, 1998; S. 306
[24] vgl. TETZLAFF, R. in WEGEMUND, 1991; S. 26 & S. 29

Klientelismus bei dem die Vertreter ethnisch-regionaler Interessen, gegen ein gewisses Maß an Loyalität gegenüber der Staatsführung, meist informell am Herrschaftsapparat beteiligt wurden.

Patronage-Systeme gab es schon vor dem Kolonialismus in jeglicher Form, von den europäischen Eroberern wurden die „patron-client"-Beziehungen dann institutionalisiert, und vom nachkolonialen Staat strukturell nahezu unverändert übernommen (besonders im ländlichen Bereich).[25]

SCHLICHTE (1998) sieht im Klientelismus die logische Fortsetzung der „Ökonomie der erweiterten Familie" (gleichbedeutend mit „Ökonomie der Zuneigung"). Die „erweiterte Familie" ist die Solidargemeinschaft, die das informelle soziale Netz bildet und die geprägt ist von der Eine-Hand-Wäscht-Die-Andere-Mentalität, sie kann also die tatsächliche Familie, die Dorfgemeinschaft oder die ganze Ethnie umfassen. Aber persönliche „Loyalität und gegenseitige Verpflichtung stabilisieren klientelistische Zusammenhänge nicht hinreichend, so dass ein gemeinsamer symbolischer Bezugsrahmen notwendig wird"[26]: die Ethnizität (als das Resultat des Auflösungsprozesses dörflich-traditionaler Vergemeinschaftungen). „Die Ökonomie der erweiterten Familie durchzieht die Praxis der Verwaltung und findet ihren symbolischen Ausdruck im ethnischen Bewusstsein."[27]

Die bessere Kontrolle über disintegrative ethnische Strömungen im Lande wird oft als Argument für die Verteidigung des Einparteiensystems herangezogen. Tatsächlich ließ sich so in vielen Fällen für eine gewisse Zeit eine bescheidene Stabilität erreichen, doch die Konfliktpotentiale wurden eher verdeckt als beseitigt, vor allem weil die Einparteiensysteme ökonomisch versagten und verfilzten.[28] Es ging nicht um Effizienz; hinter der Fassade des mächtigen Staates ging es nur um Verteilung materieller Vorteile.[29] Stabilität war und ist nur solange gesichert, wie jeder seine Pfründe bekommt. Das ist die afrikanische „Politik des Bauches" (nach J.-F. BAYARTS Buch „La politique du ventre"): Das Primat der materialistischen, personellen und opportunistischen Politik vor Ideologie, Prinzipien oder Inhalten... Politik als Nahrungskette.[30]

Auch war die Schaffung von Einheitsparteien zur Überwindung des „kolonialen Erbes" nicht viel mehr als Schönrederei, denn statt alte Strukturen aufzulösen, wurden sie eher noch ausgebaut; nur die Personen in den Büros wurden ausgetauscht.

Gleichzeitig wurden allerorten die traditionellen Stammesauthoritäten entweder formal abgeschafft oder in ihrem sozialen Status degradiert, eben weil eine Nation parzellierter

---

[25] vgl. BERMAN, 1998; S. 310f. & 330 & 333
[26] SCHLICHTE, 1998; S. 273
[27] SCHLICHTE, 1998; S. 273
[28] vgl. TETZLAFF, R. in WEGEMUND, 1991; S. 29 & S. 31ff.
[29] vgl. BERMAN, 1998; S. 335
[30] vgl. BERMAN, 1998; S.338

Regionen Inbegriff von „bad government" war und ethnischer Pluralismus als Gefahr für die nationale Einheit, für den Prozess des „nation-building", gesehen wurde.[31] Weiterhin war eine der ersten Maßnahmen „überall der Aufbau eines nationalen Bildungssystems für die neue Generation gewesen, das sich zum Ziel setzte, die bestehenden regionalen und damit oft auch ethnisch-kulturellen Ungleichheiten im Lande zu überwinden."[32]

Zweifellos ist dieses Ziel in kaum einem Fall erreicht worden. In Zusammenhang mit „nation-building"-Prozessen kam es in den postkolonialen Staaten Afrikas am deutlichsten zur Politisierung von Ethnizität – eher und stärker als im Kontext von Klassenbildungsprozessen. Denn der afrikanische Staat hat vor allem drei Probleme: ein Legitimations-, Partizipations- und ein Distributionsdefizit; seine Ideologie des Nationalismus wird dadurch unglaubwürdig. Ethnizität fungiert (vor allem unter Krisenbedingungen) häufig als Kontrastbegriff zum Ideal der Nation (als Willensgemeinschaft); in ihrer fundamentalistischen Ausprägung (als Tribalismus) steht sie auch im Widerspruch zur Idee der Rechtsgleichheit - da ein Rassist (oder Tribalist) eben nicht alle Menschen gleich achtet.[33]

3. Die Rolle der Ethnizität im sozialen Wandel

3.1. vor der Unabhängigkeit

„Der während der Kolonialzeit einsetzende gesellschaftliche Wandel verstärkte die soziale Differenzierung innerhalb der afrikanischen Bevölkerung"[34], wobei zu unterscheiden ist zwischen dem entstehenden Stadt-Land-Gegensatz im Zuge der Urbanisierung und dem generellen Prozess der sozialen Stratifikation, der im ländlichen und städtischen Bereich stattfand (einige Autoren (u.a. HIRJI 1980) sprechen von Klassen statt von Schichten).
FRIEDLAND (1966) unterteilt die afrikanische Bevölkerung in die neue Elite, die Arbeiterschaft und die Bauern. NUSCHELER und ZIEMER (1980) „klassifizieren" die ländliche afrikanische Bevölkerung in traditionelle und progressive Bauern, also solche die für den Weltmarkt produzierten und entsprechend von der Kolonialpolitik gefördert wurden; sie hatten bei entsprechenden Gewinnen die Möglichkeit etwa im Transportsektor oder Kleinhandel zu investieren. Dabei fand die zunehmende Differenzierung sowohl innerhalb der einzelnen ländlichen Regionen als auch – bedingt durch ungleichgewichtige Förderung (v.a. Ausbau der Infrastruktur) - zwischen ihnen statt.[35]

---

[31] vgl. TETZLAFF, R. in WEGEMUND, 1991; S. 38 & ASCHENBRENNER-WELLMANN, 1991; S. 132
[32] TETZLAFF, R. in WEGEMUND, 1991; S. 29
[33] vgl. TETZLAFF, R. in WEGEMUND, 1991; S. 29f. & S. 34
[34] ASCHENBRENNER-WELLMANN, 1991; S. 117
[35] vgl. ASCHENBRENNER-WELLMANN, 1991; S. 118f.

Kaum eine Ethnie blieb von diesem Prozess ausgeschlossen, jedoch wirkte er in unterschiedlichem Maße auf die einzelnen Ethnien: „am stärksten waren diejenigen betroffen, die am intensivsten in den Waren-Geld Verkehr einbezogen waren"[36], und zwar abhängig von:

1. der Zeit- und Kostenentfernung ihrer Siedlungsräume zu den Städten;
2. ihrer Bereitschaft zur Übernahme exogener Werte und Verhaltensmuster;
3. der Begrenztheit ihrer heimischen Ressourcen (auch in Relation zu der durch die Akkulturation steigenden Bedürfnisse; push-Faktor).[37]

Das System der zirkulären Migration war auf die Städte ausgerichtet; mit zunehmender Einbindung verloren die Ethnien ihre traditionell weitgehende Autonomie und wurden existentiell abhängig „von wirtschaftlichen Tauschbeziehungen mit anderen Ethnien, der Hauptstadt und schließlich auch mit dem Weltmarkt"[38].

Die ungleichmäßige und ungleichzeitige Modernisierung führte auch zu starken Disparitäten sowohl zwischen den einzelnen ethnischen Gruppen, wie auch zwischen den Regionen eines Landes. „So kam es zu der typischen Überlappung oder Verschränkung von ethnisch-kulturellen Identitätsmustern mit solchen, die aus wirtschaftlichen Aktivitäten erwachsen."[39]

Wie jedoch in Punkt Zwei anklingt, sind nicht nur ökonomische push- und pull Faktoren entscheidend; auch die soziale Distanz spielt eine Rolle; dabei handelt es sich um einen selbstverstärkenden Prozess: „Die soziale Distanz eines Volkes zur Stadt nimmt mit einer steigenden Zahl von städtischen Bewohnern der gleichen Ethnie ab"[40], da sich die Informationsflüsse zwischen Stadt und Land ausweiten und die Fremdheit der Stadt und ihrer Bevölkerung gemildert wird.

3.2. nach der Unabhängigkeit

Die Schwäche des nachkolonialen afrikanischen Staates als Initiator der wirtschaftlichen Entwicklung, sein Mangel an Berechenbarkeit und Disziplin, seine Anfälligkeit für Korruption und Vetternwirtschaft machen ihn zum „soft state"; gleichzeitig fördern diese Umstände unter den traditionellen Kleinbauern die „Ökonomie der Zuneigung": Handlungsbestimmend sind nicht die Agenturen des Staates, sondern Abstammung, familiäre Netze, Häuptlingstümer und religiöse Bruderschaften; die Bedeutung der Ethnizität für den Einzelnen wird erhöht.[41] Die „erweiterte Familie" bleibt das soziale Netz; sie beruht wesentlich auf der Subsistenzwirtschaft auf dem Lande – dem Inbegriff des Traditionalismus. Diese muss deshalb als notwendiges Teil des postkolonialen Wirtschaftssystems gesehen werden.

---

[36] ASCHENBRENNER-WELLMANN, 1991; S. 118
[37] vgl. VORLAUFER, 1985; S. 116
[38] TETZLAFF, R. in WEGEMUND, 1991; S. 37
[39] TETZLAFF, R. in WEGEMUND, 1991; S. 38
[40] VORLAUFER, 1985; S. 117
[41] vgl. TETZLAFF, R. in WEGEMUND, 1991; S. 36

Abb.2: Ethnizität im gesellschaftlichen Wandel. Quelle: ASCHENBRENNER-WELLMAN, 1991; S.2.

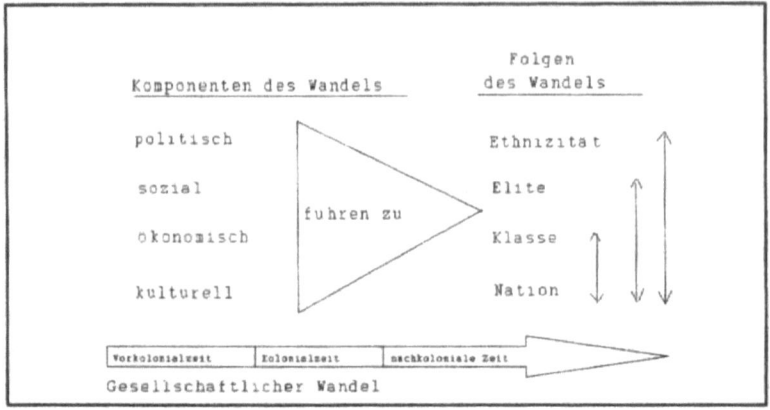

Über den – gleichermaßen geschichtlichen wie sozialen - Prozess des „nation building" handelte schon der Abschnitt 2.2.; VORLAUFER (1985) trifft für Kenia die Aussage, dass sich trotz der offiziellen Politik gegen Tribalismus im Zuge der Verelendung breiter Massen und der damit einhergehenden Verteilungskämpfe, das ethnozentrierte Denken im Vergleich zur Kolonialzeit eher verstärkt hat: „Die Gesellschaft Kenias ist zumindest ebenso stark nach ethnischen wie etwa nach Klassen-Gegensätzen strukturiert."[42] Das ethnozentrische Denken wurde von der faktisch herrschenden Klasse instrumentalisiert und gefördert, da sie – in Übereinstimmung mit den Interessen der früheren Kolonialmacht – kein Interesse daran hatten, Klassenbewusstsein aufkommen zu lassen; dies hätte ihre eigene parasitäre Rolle enthüllt. So wurde auch der Kampf der einzelnen Fraktionen der „petty bourgois" um politische Macht mittels der Überbetonung von Ethnizität geführt. Die Disintegration der ethnischen Identitäten ist größer als noch zu Kolonialzeiten, in denen disintegrative und integrative Strömungen (in Bezug auf die neugeschaffenen Ethnien) zur gleichen Zeit existierten.[43] Aus diesen Gründen kommt VORLAUFER (1985) zu der Aussage: „Das Ausmaß ethnozentrischen Denkens und Handelns ist... weitgehend unabhängig von der Sozialschicht-Zugehörigkeit"[44], wie POSS (1975) anhand einer Befragung (nach Freundschaftsbeziehungen) festgestellt hat.

4. Die Städte im Brennpunkt ethnischer Strukturierungsprozesse – Fallbeispiel Kenia

In den Städten selbst bildete sich gleichzeitig mit der ländlichen Stratifizierung vor der Unabhängigkeit eine afrikanische Elite, mit guter Schulbildung und gehobenem Lebensstandard, heraus. Die Auffassungen gehen auseinander, ob diese parasitär mit der

---

[42] VORLAUFER, 1985; S. 114
[43] vgl. NNOLI, S. 21 & 23f.

Kolonialverwaltung zusammen arbeitete (so KAVEMANN/VOLL) oder wegen mangelnder wirtschaftlicher Möglichkeiten und Aufstiegschancen die Unabhängigkeit initiierte. Jedenfalls stellte sie nach der Unabhängigkeit die regierende Klasse und versuchte (auch im Vorfeld der Unabhängigkeit) das „Bewußtsein der Zusammengehörigkeit und einer neuen nationalen Identität zu vermitteln"[45]. Dennoch bezog die nationale Unabhängigkeitsbewegung ihre Kraft weniger aus Gemeinsamkeiten in Sprache, Kultur oder Religion, als vielmehr aus dem gemeinsamen Feindbild: der Kolonialmacht.

Noch während der Kolonialzeit kam es in den Städten– auch, aber nicht nur in Zusammenhang mit der Elitenbildung – zu einem Prozess der „Detribalisierung", also zur „Übernahme neuer, exogener Kulturmuster, Verhaltensweisen und Lebensformen"[46]. Diese zumindest partielle Lösung der Afrikaner von ihrem traditionellen Wert- und Normensystem war im Zuge des arbeitskräfteintensiven Aufbaus einer Warenökonomie nach europäischem Muster unumgänglich und wurde von den Kolonialbeamten als notwendiges Übel betrachtet; die Afrikaner sollten aber nicht endgültig ins städtische Sozialsystem integriert werden. Vielmehr wurde die zirkuläre Migration gefördert; „das Pendeln der afrikanischen Arbeitskräfte zwischen Stadt und Land während des Arbeitslebens und die endgültige Rückkehr (in den Schoß der auf dem Land lebenden Familie; Anm.) nach dem alters- oder krankheitsbedingten Arbeitsprozess wurden daher über vielfältige Maßnahmen"[47] forciert, etwa fehlende Wohnungsbaumaßnahmen, Niedrigstlohnpolitik, etc.

Allerdings steht der Detribalisierung gleichzeitig eine gegenläufige Entwicklung gegenüber, auch auf der Individualebene: die „Re- oder Übertribalisierung" setzt beim Individuum häufig mit der Detribalisierung ein und bedeutet die „Wiederbelebung und Überbetonung traditioneller, stammesspezifischer Normen und Verhaltensweisen"[48].

Wie unter 3.1 schon beschrieben ist die soziale Distanz für die Entscheidung in die Stadt zu wandern mindestens so wichtig, wie die räumliche Distanz. Die Rückbesinnung auf traditionelle Werte bietet dem Zuwanderer Halt und Orientierung im für ihn neuen städtischen Sozialsystem; die von der Kolonialverwaltung als Instrumente zur Kontrolle und Orientierungsgebung gegründeten „Landsmannschaften" (oder „Tribal Associations") fördern diesen Prozess. Aber allein aus wirtschaftlicher Sicht muss der Kontakt mit der Traditionsgemeinschaft bzw. der traditionellen Familie auf dem Lande aufrecht erhalten werden, da diese als soziales Netz dient. Deshalb formuliert VORLAUFER (1985) für Kenia die These, dass „mit zunehmender Verschärfung der wirtschaftlichen Lage, mit einer steigenden Verelendung breiter Massen die

---

[44] VORLAUFER, 1985; S. 137
[45] ASCHENBRENNER-WELLMANN, 1991; S. 120
[46] VORLAUFER, 1985; S. 110
[47] VORLAUFER, 1985; S. 110
[48] VORLAUFER, 1985; S. 110

Rückbesinnung auf überkommene Lebensformen noch weiter zunehmen wird"[49]. Zudem sei die enge Bindung an das Land der Vorfahren tief verwurzelt, fast alle in der Stadt lebenden Afrikaner hätten das Ziel, genügend Geld zu erwirtschaften, um in der Heimat Grundbesitz zu erwerben.[50]

Zwar ist durch das enge Zusammenleben der verschiedenen Ethnien auf engem Raum potentiell die Zurückdrängung extrem stammesbezogener Verhaltensweisen verbunden, doch verspricht die Betonung der Zugehörigkeit zu einer Ethnie oft wirtschaftliche Vorteile; wenn z.b. die Mitglieder einer wirtschaftlich, politisch oder kulturell dominanten Ethnie bei der Vergabe von Arbeit, Wohnungen etc. bevorzugt werden. Dies hat ein reaktives Verhalten der Benachteiligten zur Folge (vgl. dazu auch den nächsten Abschnitt 5.).[51]

Im übrigen kann die Existenz einer repressiven Majorität auch dazu führen, die soziale Distanz der anderen Ethnien zu einer bestimmten Stadt zu vergrößern, selbst wenn schon viele Zugehörige dort wohnen; wie im Fall der Luo, die sich (bis in die 70er) von den in Nairobi dominanten Kikuyu diskriminiert fühlten und Mombasa als Migrationsziel bevorzugten, obwohl es räumlich weiter von ihrem traditionellen Siedelgebiet entfernt war und sie in Nairobi die zweitstärkste Gruppe stellten.[52]

Mit zunehmender Größe einer Stadt - so versucht VORLAUFER (1985) trotzdem für Kenia nachzuweisen – ist auch eine steigende ethnische Heterogenisierung verbunden. Das bedeutet: das Völkergemisch in der Hauptstadt Nairobi (und in der Küstenmetropole Mombasa) entspricht in prozentualen Anteilen etwa der ethnischen Struktur des Landes, auch wenn insbesondere kleine Ethnien unterrepräsentiert sind; die kulturelle Distanz und Bereitschaft zur Akkulturation ist bei ihnen gering ausgeprägt. Mit zunehmender Verschlechterung der Lebensbedingungen in ihren „angestammten" Gebieten ist ihre Zuwanderungsrate nach Nairobi jedoch überproportional hoch, so dass tatsächlich von einem Prozess der ethnischen Heterogenisierung Nairobis gesprochen werden kann.[53]

Ähnlich sind die Verhältnisse in den „neuen" Städten, die außerhalb der ehemaligen „tribal areas" liegen, wenn auch hier die räumliche Distanz zu den umliegenden Siedelgebieten gewisse Ethnien bevorzugt. Städte regionaler Bedeutung dagegen sind ethnisch meist relativ homogen, besonders, wenn sie im Siedelgebiet einer einzelnen Ethnie liegen. Ausnahmen sind Städte mit hohem Bedarf an spezialisierten Arbeitskräften, etwa im Tourismussektor; gewisse Ethnien sind eher bereit solche „fortschrittlichen" Arbeiten zu Lasten der Tradition zu übernehmen. In Räumen mit geringer natürlicher Tragfähigkeit, werden Mittelpunktsiedlungen

---

[49] VORLAUFER, 1985; S. 111
[50] vgl. VORLAUFER, 1985; S. 110ff.
[51] vgl. VORLAUFER, 1985; S. 113f.
[52] vgl. VORLAUFER, 1985; S. 126f.
[53] vgl. VORLAUFER, 1985; S. 117 & 128f.

häufig zu Anziehungspunkten der Sesshaftwerdung (von Hirtenvölkern oder traditionellen Bauern), vor allem, wenn hier internationale Organisationen kostenlos Lebensmittel verteilen.[54] Auch Frauen beteiligen sich verstärkt an den Migrationen in die Stadt, und zwar bei den großen Ethnien häufiger, als bei den kleineren und traditionelleren; allerdings in allen Fällen weniger als die Männer; dafür bleiben Frauen viel häufiger endgültig in der Stadt, als Männer, die noch einen hohen Pendleranteil haben.[55]

Natürlich äussert sich Ethnizität nicht nur in einem unterschiedlichen Migrationsverhalten, sondern auch in der innerstädtischen Segregation der verschiedenen Ethnien. Für Nairobi untersuchte VORLAUFER (1985) diesen Sachverhalt, auf der Basis von unveröffentlichten Census-Daten von 1979:

Der These, dass Nairobi, aufgrund der Tendenz der verschiedenen Ethnien sich voneinander zu segregieren, in zahlreiche gethoähnliche Quartiere zerfalle, steht entgegen, dass die freie Wahl des Wohnortes nur eingeschränkt möglich war und ist. Ein Großteil der Wohnungen ist staatliches oder städtisches Eigentum; die Zuteilung erfolgt eher nach Einkommen und zumindest offiziell nicht nach „Stammeszugehörigkeit. Es besteht allerdings ein gewisser Zusammenhang zwischen Einkommensgruppe und ethnischer Zugehörigkeit. Die sozial dominierenden Kikuyu bewohnen die klimatisch günstigen und zuvor von Europäern besiedelten westlichen „wards" (Stadtteile) Nairobis. In den östlichen Bezirken, in der Nähe von Industriezonen, liegt dagegen der Siedlungsschwerpunkt der Luo, der zweitstärksten Ethnie Nairobis; sie bewohnen die housing estates für untere bis mittlere Einkommensklassen.

Ein anderes Beispiel sind die Somali, eine kleine, kuschitische, muslimische Ethnie mit starker Bindung an den Nachbarstaat Somalia. „Fast 51% aller etwa 6.500 in Nairobi lebenden Somali leben in nur einem Stadtviertel"[56], nämlich Eastleigh; dort machen sie immerhin 6,1% der Bevölkerung aus, im Durchschnitt Nairobis sind es 0,8%. Die Somali fühlen sich fremd und werden von der Mehrheit der Bevölkerung mit Mißtrauen oder gar Feindschaft betrachtet.

Aufschlussreicher als die Verteilung der einzelnen Ethnien über die „wards" Nairobis ist, inwieweit sie sich untereinander segregieren oder assoziieren.

---

[54] vgl. VORLAUFER, 1985; S.117-22
[55] vgl. VORLAUFER, 1985; S. 133f.
[56] VORLAUFER, 1985; S. 148

Tab 1: Das Ausmaß des räumlichen Zusammenlebens ausgewählter Ethnien in Nairobi, veranschaulicht mittels des Assoziationsindizes und errechnet auf der räumlichen Basis der 40 „wards" Nairobis (1979). Je größer der Index (max. 100), desto größer ist die räumliche Trennung der verglichenen Ethnien voneinander. Quelle: VORLAUFER, 1985, S. 151.

	Kikuyu	Luo	Luhya	Kalenjin	Masai	Somali	Asiaten
Luo	30,3	-	-	-	-	-	-
Luhya	23,1	15,7	-	-	-	-	-
Kalenjin	38,6	38,5	34,1	-	-	-	-
Masai	33,7	39,1	31,8	19,2	-	-	-
Somali	58,2	57,6	55,3	51,9	51,1	-	-
Asiaten	72,5	75,3	71,3	68,6	63,9	71,9	-
Europäer	70,7	74,8	70,5	62,3	56,6	75,8	46,1

Aus Tabelle 1 entnehmen wir: Die Luhya, aus der Sprachfamilie der Bantu sind am stärksten mit den nilotischen Luo assoziiert, was durch die gemeinsame Herkunft aus einem Peripherieraum Westkenias und lange nachbarschaftliche Kontakte erklärt werden kann. Die Luhya weisen auch von allen Ethnien die geringste Distanz zu den sprachlich verwandten Kikuyu auf. Die Somali weisen, wie schon weiter oben angesprochen, die stärkste Segregation von allen Gruppen aus.

Der Vergleich mit Befragungsergebnissen erbringt, dass die soziale Distanz in hohem Maße mit der räumlichen Segregation korrespondiert. Die Angehörigen der Bauernvölker (Luo, Luhya und Kikuyu) sind untereinander weniger stark getrennt als zu den Angehörigen der Hirtenvölker, den Masai und Kalenjin, die wiederum untereinander stark assoziiert sind.

Die weniger starke Distanz de Europäer zu den Masai, als zu den anderen afrikanischen Ethnien, liegt darin, dass die „stolzen Masai" sich den anderen Völkern, die sie ehemals beherrschten, überlegen fühlen und nur die Europäer als gleichwertig anerkennen; auf der anderen Seite sind sie als Sicherheitspersonal sehr begehrt.

Asiaten und Europäer sind sich untereinander näher als jeweils den anderen afrikanischen Ethnien, was in einer zunehmenden Aufweichung der kolonialzeitlichen (Rassen- und Klassen-) Schranken zwischen ihnen begründet liegt.

Insbesondere in den großen Städten wie Nairobi haben immer mehr Menschen (vor allem Jüngere) Zugang zu Massenmedien wie Fernsehen und Internet (oder Videospiele). Es ist wahrscheinlich, dass unter deren Einfluss ein rascher Akkulturationsprozess stattfindet, der eine Annäherung der städtischen Bevölkerung an den Westen und eine Entfernung von den Traditionen des Landes bringt. Die WAZ vom 6. April 2000 schreibt unter der (missglückten) Schlagzeile: „Kenias Jugend hat Flausen im Kopf": „Die Distanz zur eigenen Umwelt wächst. Für viele Twens der Hauptstadt wirken Nachrichten aus den Provinzen exotischer als die

Schlagzeilen in den USA" Die afrikanische Kultur habe sich durch den Einfluss des Westens gewandelt, so ein kenianischer Hochschulprofessor. „Als Beispiel gilt der sinkende Einfluss der Religion. Noch vor wenigen Jahren war der Besuch der Messe ein wichtiger Bestandteil der Familie in Nairobi. Heute sitzen an Sonntagen ganz wenig junge Erwachsene in der Kirche."[57] Die kulturellen Disparitäten wachsen; inwieweit sich diese Verwestlichung auf das ethnozentrische Denken auswirken wird, ist ungewiss, denn trotz der importierten westlichen Lebensphilosophie bleibt Ethnizität unmittelbar spürbares und wirklichkeitsbestimmendes Lebensumfeld.

5. Ethnische Konflikte – „Politisierte Ethnizität"

Für das Individuum ist Ethnizität ein identitätstiftendes Gruppenmerkmal in Konkurrenz zu Religion, Klasse, Beruf, Interessenverband, Generation, Geschlecht und politischer Partei (overlapping membership; multiple Identität); jedoch vermittelt es (unter den Gegebenheiten Afrikas) in weit stärkerem Maße ein dauerhaftes Bewußtsein von existentieller Geborgenheit, was auch in der starken Symbolhaftigkeit begründet liegt, die der Ethnizität (wie auch der Religion) innewohnt.[58]

Die „Politisierung von Ethnizität" ist ein globales Phänomen, das nicht auf Entwicklungsländer beschränkt ist; NNOLI (1998) betont, dass ethnische Konflikte durchaus positive Wirkungen zeitigen können, wenn sie in einer Art freien Wettbewerbs ausgetragen werden, so trägt es etwa zu einem demokratischen Pluralismus bei, wenn von einer ethnischen Gruppe Freiheit und Gerechtigkeit eingefordert wird, oder wenn es ethnizitätsbedingt zur Gründung von Gewerkschaften oder ländlichen „Gemeinschaftsorganisationen" kommt.[59] „Politisierte Ethnizität" bezeichnet ein breites Spektrum von Artikulationsformen: von der Wahl einer ethnisch-nationalistischen Partei, bis zum gewaltsamen Kampf um Sezession.

Im Gegensatz zur funktionalistischen Modernisierungstheorie - die davon ausgeht, dass sich ethnische Gegensätze im Zuge der Modernisierung oder Globalisierung aufheben bzw. unwichtig werden -, sind sich die wichtigsten und neueren Theorien zur ethnischen Konfliktbildung darin einig, dass die Prozesse der Modernisierung (Industrialisierung, Staatenbildung, Urbanisierung) insbesondere wenn sie räumlich differenziert ablaufen, vielmehr zu einer Verlagerung bzw. Verschärfung von ethnischen Identifikationen und Konfliktlinien führen; was kaum noch bestritten wird. Diese ökonomischen Ansätze - namentlich die Theorien des „inneren Kolonialismus", des „ethnischen Wettbewerbs" und des „relative group worth" - gehen prinzipiell von einem subjektivistischen Ethnizitätsbegriff aus; Ethnizität ist nicht

---

[57] GROTH, 2000. Vgl. Anhang.
[58] Vgl. NNOLI, S.5 & TETZLAFF, R. in WEGEMUND, 1991; S. 12
[59] vgl. NNOLI, S. 7f.

angeboren, sondern ein Mittel der Strukturierung (Bündelung und Verstärkung) gesellschaftlicher Ansprüche mit geringen Organisationskosten.[60] Ökonomische Interessen sind danach die wahren Auslöser ethnischer Auseinandersetzungen, wenn auch - zumal in der Theorie des „relative group worth" von HOROWITZ – sozialpsychologische Aspekte berücksichtigt werden. Der Nationalstaat ist dabei Arena, Akteur und Objekt der Kämpfe.

Man muss also unterscheiden zwischen Form (ethnischer Charakter) und (politischem) Inhalt der Konflikte; Auslösefaktoren für ethnisch-politische Konfliktlinien können sein:

1. politisch ungerechte Verteilung von Machtressourcen und Herrschaftspositionen;
2. ökologisch bedingte und durch Bevölkerungswachstum verstärkte Verknappung von wirtschaftlichem Lebensraum;
3. religiöse Intoleranz und kulturelle Missionierung seitens der Staatsklasse; und
4. politische Versuche zur Revision als ungerecht empfundener Grenzen und Verträge.[61]

Folgt man dem Erklärungsansatz der „Theorie des inneren Kolonialismus" (nach MICHAEL HECHTER) dann ist desto eher die *reaktive* Politisierung von Ethnizität zu erwarten, je stärker die Koinzidenz zwischen Ethnizität und Klassenzugehörigkeit ausgeprägt ist, wenn also eine Ethnie einen sozial schlechteren Status innehat, als eine andere; diesen Zustand bezeichnet man als vertikale Stratifikation (das Gegenstück wäre die segmentäre Schichtung: ein Nebeneinander separierter, aber annähernd gleichwertiger ethnischer Systeme).

Im Gegensatz dazu steht die Argumentation der „Theorie des ethnischen Wettbewerbs", die ethnische Mobilisierungsprozesse als Folge einer Konkurrenz um Arbeitsplätze, Wohnraum und andere knappe soziale Güter sieht: Ethnische Konflikte entstehen demzufolge erst dann, wenn sich strukturell verfestigte Ungleichverhältnisse verändern oder auflösen, wenn die (bislang monopolisierten) Nischen der ethnischen Gruppen sich überlappen, wenn also als Folge sozialer Umschichtungen tatsächlich um dieselben Güter gekämpft wird. Demnach würde eine *stabile* vertikale (aber auch segmentäre) Schichtung Konflikte eher unterdrücken, zumal damit meist eine unterschiedliche Ressourcenausstattung verbunden ist, die einen Konflikt aus Sicht des schwächeren Parts aussichtslos machen kann.[62]

Jede dieser beiden Sichtweisen ist fallspezifisch plausibel, konnte für gewisse Beispiele als relevant nachgewiesen werden, wenn auch die verwendeten Indikatoren (Wahlverhalten etc.); eine Synthese ist bislang nicht gelungen. Diese Ansätze reichen für eine Erklärung der Genese ethnischer Konflikte nicht aus, sind jedoch notwendige Orientierungsmuster für ein Verständnis der Problematik. Durch die Konzentration auf rein ökonomische Faktoren bleibt die durchaus gegebene Problematik der politischen Inkorporation außen vor: häufig geht es nicht nur um

---

[60] vgl. GANTER, 1995; S. 100ff. & TETZLAFF, R. in WEGEMUND, 1991; S. 18ff.
[61] TETZLAFF, R. in WEGEMUND, 1991; S. 12
[62] vgl. GANTER, 1995; S. 120f.

Güter, sondern auch um Rechte und Mitsprache. Ein weiterer Mangel liegt in der Konzentration auf die Makroebene; kollektives Wir-Gefühl und Handeln werden geradezu vorausgesetzt.

Die „rational choice theory of ethnic collective action" (ebenfalls nach HOROWITZ) ist als Ergänzung dazu zu verstehen; sie setzt auf der Individualebene an und erklärt die Mobilisierung ethnischer Bewegungen: Für den Einzelnen ist es nicht immer rational am Widerstand teilzunehmen, weil Kosten und Erfolgsaussichten in einem ungünstigen Verhältnis stehen; er wird zum „free rider", da er ohnehin von einem eventuellen Erfolg eines Kampfes um Allgemeingüter (z.B. Stimmrechte) profitiert. Eine wichtige Rolle im Mobilisationsprozess spielen „Politische Unternehmer", die sich auf ethnisch ausgerichtete Deutungsangebote spezialisieren, und so die latenten Unzufriedenheiten oder Erwartungen auf ein Ziel ausrichten und artikulieren.[63]

Interessen/Ziele der ETHNIE / Soziale Position im Staat	MACHT I	EINKOMMEN II	KULTUR III
Hoch (= Nähe zur Staatsklasse)	– Monopolisierung von Herrschaft und Status quo – Expansion	– Verteidigung von Privilegien – Zentralisierung von Reichtum	– Hegemonie – Missionierung
Niedrig: a) marginalisiert	– Regimewechsel – bessere Integration	– Zugang zu öffentlichen Ämtern und – Ressourcen (Land)	– Abwehr von kultureller Überfremdung
b) peripherisiert	– Machtbeteiligung – Sezession	– Höhere Verteilungsgerechtigkeit – Abwehr von Staatsintervention	– Verteidigung von Autonomie

Abb. 3: Muster ethnisch-sozialer Konflikte: „cleavages". Quelle: WEGEMUND, 1991; S. 11.

Vor diesem Hintergrund ist es nur natürlich, dass es gerade in Afrika nach der politischen Unabhängigkeit zu Phasen des *disruptiven Nationalismus* kam. 60,7% der 56 Kriege, die von 1945-97 auf dem afrikanischen Kontinent geführt wurden, also 33 Stück, hatten rein innerstaatlichen Charakter, in weiteren neun Fällen (16,1%), vermischten sich inner- und zwischenstaatliche Konflikte. 19,6% waren Dekolonisationskriege und nur 3,6% der Kriege wurden zwischen zwei oder mehr Staaten geführt.[64]

---

[63] vgl. GANTER, 1995; S. 131ff. & S. 141
[64] vgl. SCHLICHTE, 1998; S. 263

Das Ideal (der franz. Revolution) der Nation als Willensgemeinschaft und die Wirklichkeit klafften weit auseinander, wobei die größtenteils willkürlich, ja sinnwidrig gezogenen Staatsgrenzen eine wichtige Rolle spielten und spielen: sie verschafften der „jeweiligen postkolonialen Regierung, einmal durch Wahlen an die Macht gekommen, in der künstlichen Hauptstadt eine unverdiente Legitimation: sie war international anerkannter Repräsentant eines souveränen Landes, für das sie selbst keine herrschaftslegitimierenden Integrationsleistungen erbracht hatte... Kontrolle von oben rangierte höher als der Konsens der Massen."[65]

SCHLICHTE (1998) sieht die Gefahr von Kriegen im subsaharischen Afrika wesentlich durch drei strukturelle Merkmale präformiert: „Die Ökonomie der erweiterten Familie", den „Referenzrahmen des ethnischen Bewusstseins" und die „politische Logik des neopatrimonialen Staates".[66] Die Zusammenhänge wurden schon unter 2.2. dargestellt: Ethnizität wurde und wird von Staatsseite im Zuge des angestrebten „nation-building"-Prozesses negiert bzw. funktionalisiert; von politischen Minderheiten dagegen defensiv eingesetzt und manipuliert. „Die Logik neopatrimonialer Herrschaft nutzt das ethnische Bewusstsein zur Mobilisierung politischer Unterstützung und Repression, während umgekehrt die Herrschaftspraxis in den Schemata des ethnischen Bewusstseins interpretiert wird."[67]

In Zeiten wirtschaftlicher Depression oder existentieller Notlage haben die politischen Institutionen des neopatrimonialen Staates nicht mehr genügend Kapazität (da sie auf der Grundlage von Pfründen - sprich Geld - funktionieren), um soziale Konflikte zu prozessieren. Eben weil das Amt des Staatschef so untrennbar mit der Person des Inhabers verknüpft ist, wird so oft auf staatliche Repression zurückgegriffen. Die spannungsgeladene Situation kippt, die Ethnien radikalisieren sich und werden radikalisiert: „Je mehr sie von Seiten des Staates existentiell angegriffen werden, desto umfassender gelingt die politische Mobilisierung von Interessen im Namen der Ethnie."[68] Kulturelle Unterschiede sind dabei nicht ausschlaggebend, sondern lediglich Kristallisationspunkte für die Organisation kollektiver Akteure. Ethnizität ist sozusagen für Minderheiten die kostengünstigste Form der Interessenverteidigung, gewissermaßen eine funktionale Notwendigkeit.

6. Beschreibende Analyse – Fallbeispiel Tanzania

Tanzania ist eine Ausnahme im subsaharischen Afrika, da es bislang von gewalttätigen ethnisch bedingten Konflikten verschont geblieben ist. Welche Rolle spielt Ethnizität heute in Tanzania?

GAUDENS MPANGALA (1998) identifiziert im Wesentlichen drei Anschauungen: Die herrschende Partei und die Regierung propagieren, dass das Phänomen Ethnizität nicht länger existiert,

---

[65] TETZLAFF, R. in WEGEMUND, 1991; S. 16
[66] SCHLICHTE, 1998; S. 272
[67] SCHLICHTE, 1998; S. 272

bzw. vollkommen unter Kontrolle ist, dass die nationale Einheit also weitgehend erreicht wurde. Die zweite Ansicht ist nicht ganz so optimistisch, räumt jedoch ein, dass das Phänomen durchaus weitgehend unter Kontrolle ist, das Problem sozusagen minimiert ist. Dies wird u.a. auf die Einführung von Kiswahili als Nationalsprache, die Abschaffung der Häuptlinge unmittelbar nach der Unabhängigkeit, und die Politik der „self-reliance" und des afrikanischen Sozialismus zurückgeführt. Auch die dritte Sichtweise stimmt soweit mit den ersten beiden überein, dass das Problem nach der Unabhängigkeit bemerkenswert gut unter Kontrolle war; jedoch wird jüngst eine Wiederbelebung der Ethnizität beobachtet, gefördert durch die ökonomische Krise und das ideologische Vakuum, dass die Umwandlung des Ein-Parteien-Staates zu einem Mehrparteienstaat mit eingeschränkter sozialer Zuständigkeit zurückließ.[69]

Die Bevölkerung Tanzanias setzt sich aus über 120 meist Bantu sprechende Ethnien zusammen. Die Sukuma sind die größte Gruppe, mit etwa eine Million Menschen, acht Ethnien umfassen zwischen 360.000 und 220.000 Angehörige, 14 weitere sind größer als 110.000. Von den 9 größten Ethnien leben 7 in den Randgebieten Tanzanias und orientieren sich an den kulturell ähnlichen Ethnien etwa in Uganda (Haya) oder Kenia (Chagga). Die fünfzehn größten Gruppen machen nur etwa die Hälfte der Bevölkerung aus, keine ist ökonomisch oder politisch dominant. YEAGER (1982) betrachtet als die vier wichtigsten Gruppen: die Sukuma, Makonde, Haya und Chagga.[70]

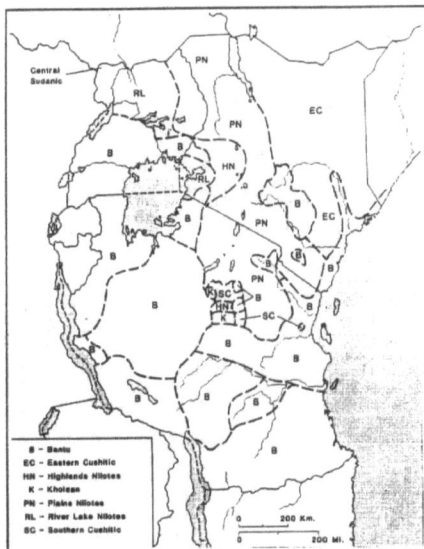
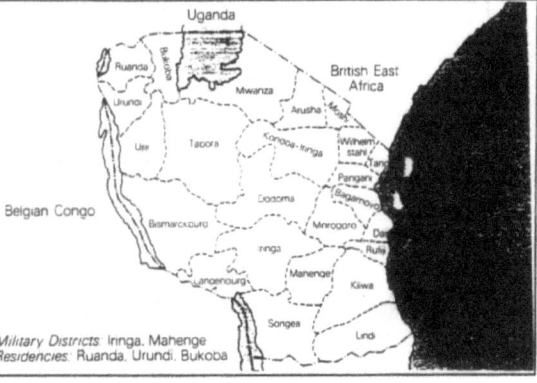

Abb.4: Sprachgruppen in Ostafrika (links) und Verwaltungseinheiten in Deutsch-Ostafrika (unten). Der Vergleich veranschaulicht die relativ willkürliche Grenzziehung der Kolonialmächte. Quelle: ASCHENBRENNER-WELLMANN, 1991, Anhang.

---

[68] TETZLAFF, R. in WEGEMUND, 1991; S. 19
[69] vgl. MPANGALA, 1998; S. 311f.
[70] vgl. ASCHENBRENNER-WELLMANN, 1991; S. 137ff.

Wie unter 2.1. beschrieben, waren die präkolonialen ethnischen Strukturen amorph und durchlässig, so dass einige Autoren wie KOPONEN (1988) von ethnischen Kategorien statt von Gruppen sprechen.[71] Das Spektrum reicht von den heterogenen und verstreuten Gemeinschaften der Sukuma, die organisiert waren unter chiefs, headmen oder Ältestenräten; über die zentralisierten Haya-Reiche, die schon damals ökonomisch stark differenziert waren; hin zu relativ isolierten Gesellschaften, etwa den Makonde, die nie ganz in die Waren-Geld-Beziehungen integriert wurden. Viele der heutigen großen Ethnien bestanden vor der Kolonialzeit ohne das Bewusstsein einer ethnischen Zusammengehörigkeit.[72]

Rassen-Ethnizität entwickelte sich mit der Entwicklung der „produktionsorientierten Sklaverei" (slave mode of production) entlang der Küste und der wichtigen Handelsrouten; diese Form der Sklaverei unterschied sich von den traditionellen Formen eben durch den Zweck der damit verfolgt wurde: statt der herrschenden Klasse zu dienen, wurden diese Sklaven zum Aufbau einer feudalen auf Überschussproduktion ausgerichteten Wirtschaftsstruktur benötigt.

Von der Sklaverei abgesehen verstärkte sich diese Entwicklung mit der offiziellen Machtergreifung durch die Deutschen im Jahr 1885: „The major principle that faciliated development of ethnicity and ethnic consciousness was the colonial division of labour."[73] Afrikaner wurden als Träger und Sammler von Bienenwachs oder Kautschuk eingesetzt. Einige (der frischgebackenen) Stämme wurden von den Deutschen als fähig oder überlegen und andere als faul oder niedrig eingestuft; dies führte zu einer stammesbezogenen Auswahl von Plantagenarbeitern. Z.B. wurden die als hart arbeitend eingestuften Wanyamwezi und die Wasukama als erste ethnische Gruppen für die Arbeit auf Sisal-Plantagen rekrutiert, weil die dort lebenden Völker als faul und unfähig angesehen wurden.[74]

1912 wurde Dar-es-Salaam in rassisch getrennte Distrikte für Weiße (Uzunguni), Asiaten (Uhindini) und Afrikaner (Uswahilini) geteilt; bemerkenswert ist, dass es auch im afrikanischen Distrikt zu einer gewissen ethnischen Segregation kam. Die Entwicklung des ethnischen Bewusstseins wurde nach dem Zweiten Weltkrieg erheblich beschleunigt, durch das Aufkommen Importsubstituierender Industrien, welche viele Leute vom Land zur Migration in die Stadt veranlasste. Als sein Ausdruck kann auch die Gründung von ethnischen Vereinigungen, (Sport-) Klubs und sozialen Vereinen gesehen werden.[75]

Nach der ersten Phase, der ethnischen Gruppenbildung versuchten, insbesondere nach dem zweiten Weltkrieg, „führende Gruppenmitglieder, die ethnischen Gruppengrenzen auszudehnen, weil die geringe Größe vieler traditioneller Ethnien diese zu ineffektiven Einheiten im Hinblick auf die Verbesserungsmöglichkeit ihrer ökonomischen Lage und die

---

[71] vgl. MPANGALA, 1998; S. 314
[72] vgl. ASCHENBRENNER-WELLMANN, 1991; S. 138f.
[73] MPANGALA, 1998; S. 317
[74] vgl. MPANGALA, 1998; S. 317
[75] vgl. MPANGALA, 1998; S. 319f.

Zugangschancen zu politischen Ämtern gemacht hätte"[76] Im Zuge der Verstädterung und Modernisierung sei die Lebensfähigkeit kleinerer ethnischer Einheiten, etwa Klans, eingeschränkt gewesen; die Identifikation mit größeren Ethnien sei dadurch gefördert worden, so CHAPUT (1968).

YEAGER (1982) widerspricht dem; er sieht durchaus eine gewisse Kontinuität im Profil der großen Ethnien gegeben: die Sukuma, die schon während der Kolonialzeit verwaltungsmäßig zusammengefasst und in die Baumwollproduktion einbezogen wurden, konnten sich anschließend gut in die nationale Politik integrieren; die Haya und Chagga, schon in präkolonialen Zeiten stark ökonomisch differenziert, wurden am meisten modernisiert und besetzen heute einen großen Teil der Positionen im öffentlichen Bereich und im Erziehungswesen; die Makonde lebten weiter in relativ isolierten Siedlungen und reagierten auf gesellschaftlichen und politischen Wandel mit zunehmendem ethnischem Selbstbewusstsein oder gar Fremdenfeindlichkeit.[77]

Im Kampf um die Unabhängigkeit wurden viele ethnische Organisationen in die TAA und spätere TANU eingebunden, die nach der Unabhängigkeit 1962 Regierungs-Einheits-Partei wurde.[78] Zu den Wahlen von 1965 gibt es verschiedene Ansichten; während HYDEN und PREWITT (1967) aufgrund einer Befragung schließen, dass der ethnische und traditionelle Hintergrund nicht ausschlaggebend für den Erfolg der Kandidaten war, kommt BIENEN (1983) zu der Auffassung, dass diejenigen am erfolgreichsten waren, die in ihrem Wahlkreis fest verwurzelt waren und starke ethnische Bindungen besessen hätten. Bei den Wahlen von 1970 gab es in einigen Wahlbezirken ethnische Auseinandersetzungen; in 13 von 18 Fällen gewannen die Kandidaten, die der ethnischen Mehrheit im jeweiligen Wahlkreis angehörten.

Die eingangs gemachte Feststellung, dass Tanzania kein schwerwiegendes ethnisches Problem hat – im Gegensatz zu den Nachbarländern Uganda oder Kenia – wird von vielen Autoren vertreten. Tanzanier besitzen mehrere Loyalitäten und Identitäten: z.B. zur Verwandtschaft, Nation, Gruppe und Region. Überhaupt scheint sich die Identifikation mit einem „Stamm" zu einer solchen mit einem bestimmten Gebiet gewandelt zu haben. Ethnizität ist eher lokalistisch und passiv, statt offensiv. Die Erklärung für diese für Afrika außergewöhnliche Lage wurde größtenteils eingangs gegeben: Das Einparteiensystem (unter der Führung des (anscheinend) integeren Präsidenten Nyerere); die Politik des Sozialismus und der self-reliance; damit zusammen hängend die Umsiedlung der meisten Dorfbewohner in sogenannte Ujamaa-Dörfer, geplante Siedlungen, die nach Aussage MPANGALAS (1998) den Rückgang des Tribalismus in den ländlichen Gebieten bewirkt hat.[79]

---

[76] ASCHENBRENNER-WELLMANN, 1991; S. 138 (vgl. auch MPANGALA, 1998; S. 319)
[77] vgl. ASCHENBRENNER-WELLMANN, 1991; S. 139
[78] vgl. MPANGALA, 1998; S. 321

Diese Faktoren sind allerdings sehr ambivalent zu sehen, denn das Einparteiensystem hatte einen Verlust an Demokratie zur Folge, der Sozialismus und die Doktrin der self-reliance eine Verschleppung des Wirtschaftswachstums.[80]

Es besteht durchaus eine ethnische Missgunst in Tanzania; so wird zum Beispiel von Vertretern anderer Ethnien bemängelt, dass überwiegend Haya und Chagga wichtige Positionen im Staatsdienst besetzen; oder dass der Zugang zu Ausbildungsplätzen ungleich verteilt sei.[81]

Mit Verschärfung der wirtschaftlichen Krise, der zunehmenden Liberalisierung der Wirtschaft und dem Wegfall sozialer Leistungen gewinnen ethnisch-tribalistische Bewegungen an Boden; so propagieren einige der neuen Parteien den Kampf von eingeborenen Tanzaniern gegen Asiaten oder Tanzanier indischen oder arabischen Ursprungs.[82]

7. Fazit

Ethnizität ist ein schwer fassbares Phänomen, das sich durch Selbst- und/oder Fremdzuschreibung einer Wir-Gruppe auf der Grundlage des Glaubens an eine Abstammungsgemeinschaft in Interaktion mit anderen Gruppen konstituiert. Seine Bedeutung für individuelle und kollektive Handlungsorientierungen ist situationsabhängig.

Ethnizität ist nicht primordial gegeben sondern ein soziales Konstrukt als Folge gesellschaftlichen Wandels.

Der Stammesbegriff ist eine Invention der Kolonialzeit, ein Instrument aus dem „Teile-und-Herrsche"-Werkzeugkoffer; die vormals fließenden Grenzen zwischen den Ethnien wurden bewußt und/oder willkürlich verfestigt. Nach der Unabhängigkeit wurde Ethnizität offiziell gebrandmarkt, weil sie im Prozess des „nation-buildings" unerwünscht war.

Ethnizität ist der Bezugsrahmen für die klientelistischen Stränge, die den neopatrimonialen afrikanischen Staat in vertikaler Ebene und in allen gesellschaftlichen Bereichen durchziehen. Von der herrschenden Klasse wird sie als Manipulationsinstrument eingesetzt, von den unteren Schichten als kostengünstigste Form der Interessenverteidigung. Politisierung von Ethnizität kann dann in Tribalismus umschlagen und zu gewalttätigen Konflikten führen, wenn wirtschaftliche Depression, staatliche Repression oder existentielle Notlagen zu Konkurrenz um knappe Güter zwingt.

Auf der sozialen Ebene ist sie die Grundlage für die „Ökonomie der Zuneigung", die als eine traditionelle Form des sozialen Netzes verstanden werden kann, vor allem in Städten ein oftmals lebensnotwendiges Erfordernis. Ethnizität ist auch darum ökonomisch wichtig, weil oftmals – zumindest inoffiziell – die Angehörigen der eigenen Ethnie bei der Vergabe von materiellen Vorteilen bevorzugt werden. Die dadurch bedingte Re- oder Übertribalisierung kann

---

[79] vgl. MPANGALA, 1998; S. 322
[80] vgl. MPANGALA, 1998; S. 323
[81] vgl. ASCHENBRENNER-WELLMANN, 1991; S. 139f.

bei einem Individuum gleichzeitig mit der Detribalisierung, der Übernahme exogener Verhaltensmuster, eintreten.

Die räumliche Problematik des Phänomens Ethnizität beginnt mit der bewußt willkürlichen Grenzsetzung durch die Kolonialmächte; diese räumlichen Einheiten bilden in vielen Fällen noch heute die Zellen des ethnozentrischen Denkens. Dieses hat starke Auswirkungen auf das Migrations- und Segregationsverhalten der Menschen. Ethnische Konflikte können Flüchtlingsströme in Gang setzen und zu großen räumlichen wie sozialen Umschichtungen führen. Wie am Beispiel Tanzanias deutlich wurde, sind ethnizitätsbedingte Kriege nicht deterministisch durch die postkolonialen Strukturen vorgezeichnet. Dennoch ist auch hier Ethnizität ein wirklichkeitsbestimmendes Prinzip mit großen Auswirkungen auf das Alltagsleben.

Es ist unwahrscheinlich, dass Phänomen Ethnizität durch Modernisierung, durch den Kontakt mit neuen Medien, wie etwa dem Internet, verblasst, solange die wirtschaftlichen und sozialen Rahmenbedingungen es als ökonomisches Prinzip erforderlich machen. Wahrscheinlich ist aber, dass es eine Wandlung durchmacht.

Die Liberalisierung der Märkte und strukturelle Wandlung der nachkolonialen Verhältnisse, insbesondere durch Einflüsse von außen (etwa Auflagen des Internationalen Währungsfonds) entziehen dem Klientelismus die Grundlage, nämlich die Möglichkeit materielle Vorteile aus dem System abzuschöpfen und zur eigenen Sicherung einzusetzen. Dies führt zur Kriminalisierung der Politik und Privatisierung von Gewalt; gefährdet mithin die Integrationskapazitäten des neopatrimonialen Staates, der ja auf Pfründe angewiesen ist. Dies gibt Anlass zur Befürchtung, dass es auch weiterhin zu Kriegen auf dem afrikanischen Kontinent (unter dem Vorwand der Ethnizität) kommen wird.

Dennoch, sie sind nicht vorgezeichnet und Ethnizität ist nicht per se negativ, steht auch keiner demokratischen Entwicklung oder der Nationwerdung entgegen. Richtig aufgefasst, kann sie durchaus ein Element des demokratischen Pluralismus sein und zur Bereicherung der Kultur beitragen.

---

[82] vgl. ASCHENBRENNER-WELLMANN, 1991; S. 140f.

LITERATUR

ASCHENBRENNER-
WELLMANN, BEATE: Ethnizität in Tanzania: Überlegungen zu Bedeutung der Ethnizität im
                     Rahmen des gesellschaftlichen Wandels. Anacron-Verl., München 1991.

BERMAN, BRUCE J. :   Ethnicity, Patronage and the African State: The Politics of Uncivil
                     Nationalism. In: African Affairs (1998), 97, S. 305-341

GANTER, STEPHAN: Ethnizität und ethnische Konflikte. Konzepte und theoretische Ansätze
                     für eine vergleichende Analyse. (= Freiburger Beiträge zu Entwicklung
                     und Politik 17). ABI, Freiburg 1995.

GROTH, HENDRIK: Kenias Jugend hat Flausen im Kopf. Artikel aus der Westdeutschen
                     Allgemeinen Zeitung vom 6. April 2000. Vgl. Anhang.

LOWE, CHRIS: Talking About „Tribe". Moving from Stereotypes to Analysis. 1997; in:
                     www.africapolicy.org/bp/ethnic.htm

MANSHARD, WALTER: Afrika – südlich der Sahara. Fischer Taschenbuch Verlag, Frankfurt a.
                     M. 1988.

NNOLI, OKWUDIBA: Ethnic Conflicts in Africa: A Comparative Analysis. In: Nnoli, Okwudiba
                     (Hrsg.): Ethnic Conflicts in Africa. CODESRIA, Dakar 1998, S. 1-26.

MPANGALA, GAUDENS: Inter-Ethnic Relations in Tanzania. In: Nnoli, Okwudiba (Hrsg.): Ethnic
                     Conflicts in Africa. CODESRIA, Dakar, 1998, S. 311-326.

SCHLICHTE, KLAUS: Struktur und Prozess: Zur Erklärung bewaffneter Konflikte im
                     nachkolonialen Afrika südlich der Sahara. In: Politische
                     Vierteljahresschrift 39; Opladen 1998, S. 261-281.

VORLAUFER, KARL: Ethnozentrismus, Tribalismus und Urbanisierung in Kenia. Das
                     Wanderungs- und Segregationsverhalten ethnischer Gruppen am
                     Beispiel Nairobi. In: Studien zur regionalen Wirtschaftsgeogr. (=
                     Frankfurter Wirtsch.- und Sozialgeogr. Schriften 47); Frankfurt a. M.
                     1985, S. 18-143.

VORLAUFER, KARL: Kenia. 1. Auflage. Klett Verlag, Stuttgart 1990.

WEGEMUND, REGINA: Politisierte Ethnizität in Mauretanien und Senegal. Fallstudien zu
                     ethnisch-sozialen Konflikten, zur Konfliktentstehung und zum
                     Konfliktmanagment im postkolonialen Afrika. (=Arbeiten aus dem Institut
                     für Afrika-Kunde 79); Hamburg 1991

Anhang 1:

Nr. 82 / Donnerstag, 6. April 2000 **WAZ**

Alltag in einem Klassenraum der Kikoshep-Schule in Nairobi. Viele Eltern können ihre Kinder wegen hoher Gebühren nicht zur Schule schicken. Ihre Chancen auf dem Arbeitsmarkt sind gering.   dpa-Bild

Japan wird die Renten kürzen

TOKIO (ap) In Japan werden die Renten in den kommenden 25 Jahren gekürzt. Grund: Die japanische Gesellschaft altert immer schneller.

Japans Geburtenrate erreichte im vergangenen Jahr mit 1,38 Geburten pro Frau einen neuen Tiefstand. Gleichzeitig ist die Lebenserwartung weiter angestiegen. Die Folge: Der Alterungsprozess der Gesellschaft hat sich rapide beschleunigt.

Deshalb wurde eine Rentenreform nötig. Das Einstiegsalter wird von 60 auf 65 Jahre angehoben. Zudem wird die jährliche Rentenanpassung bis zum Jahr 2025 um fünf Prozentpunkte sinken.

Kenias Jugend hat Flausen im Kopf

Lehrer klagen: Schüler wollen nur das große Geld verdienen

NAIROBI (dpa) Kenias Jugend steht vor großen Umbrüchen. Fast die Hälfte der 30 Millionen Einwohner sind unter 15 Jahre alt und sucht Jobs.

Keine Seltenheit: Eltern können ihre Kinder wegen hoher Gebühren nicht auf die Schule schicken. Keine günstige Voraussetzung für eine Karriere. Vizepräsident George Saitoti sieht deshalb den dringenden Bedarf, das Schul- und Ausbildungssystem in Kenia zu reformieren. Saitoti, im Zivilberuf Hochschulprofessor, plädiert dafür, massiv den Unterricht in Naturwissenschaften und In-

formationstechnologien zu verstärken. „Sonst verlieren wir den Anschluss und unsere eigenen Modernisierungsziele sind nicht zu halten."

Der Lehrer Harun Kega macht sich wenig Illusionen. Seine Schüler wollen richtig Geld verdienen. Das sei in Kenia aber fast unmöglich. Viele hätten Flausen im Kopf. Pilot, Krankenhauschef, Rechtsanwalt wollen sie werden. Sie orientieren sich an Vorbildern aus den Industriestaaten. Für alle Bewerber reichen in Kenia aber die Stellen nicht. Die meisten Schüler würden deshalb arbeitslos. Sie teilen das Schicksal von mehr als 50 Prozent der

arbeitsfähigen Bevölkerung.

Auch sein Beruf sei alles andere als attraktiv. Gerade einmal 250 Mark verdiene Harun Kega im Monat. Wer nach der staatlichen Schule auf eine private Universität gehen könne, habe später vielleicht mehr Glück, meint Kega. Aber: „Wer vom Land kommt, hat kaum Aussicht auf eine feste Stelle."

Die Distanz zur eigenen Umwelt wächst. Für viele Twens der Hauptstadt wirken Nachrichten aus den Provinzen exo-

„Kinder kennen das eigene Land nicht"

tischer als die Schlagzeilen aus den USA. Saitoti kritisiert das Desinteresse der Jugend an der eigenen Geschichte. „Die afrikanische Kultur hat sich durch den Einfluss des Westens gewandelt", appellierte Saitoti vor Studenten. Als Beispiel gilt der sinkende Einfluss der Religion. Noch vor wenigen Jahren war der Besuch der Messe ein wichtiger Bestandteil der Familien in Nairobi. Heute sitzen an Sonntagen ganz wenig junge Erwachsene in der Kirche.

Ein weiteres Beispiel ist Aids. Jeder 13. Kenianer gilt als HIV-infiziert. Auf weiterführenden Schulen soll bereits jeder Achte an Aids leiden. **Hendrik Groth**